国家出版基金项目

NATIONAL PUBLICATION FOUNDATION

记住乡愁

——留给孩子们的中国民俗文化

刘魁立◎主编

第九辑 传统雅集辑

香之道

孙 亮◎编著

本辑主编 李春园

黑龙江少年儿童出版社

序

亲爱的小读者们，身为中国人，你们了解中华民族的民俗文化吗？如果有所了解的话，你们又了解多少呢？

或许，你们认为熟知那些过去的事情是大人们的事，我们小孩儿不容易弄懂，也没必要弄懂那些事情。

其实，传统民俗文化的内涵极为丰富，它既不神秘也不深奥，与每个人的关系十分密切，它随时随地围绕在我们身边，贯穿于我们生活的每一天。

中华民族有很多传统节日，每逢节日都有一些传统民俗文化活动，比如端午节吃粽子，听大人们讲屈原为国为民愤投汨罗江的故事；八月中秋望着圆圆的明月，遐想嫦娥奔月、吴刚伐桂的传说，等等。

我国是一个统一的多民族国家，有 56 个民族，每个民族都有丰富多彩的文化和风俗习惯，这些不同民族的民俗文化共同构筑了中国民俗文化。或许你们听说过藏族长篇史诗《格萨尔王传》

中格萨尔王的英雄气概、蒙古族智慧的化身——巴拉根仓的机智与诙谐、维吾尔族世界闻名的智者——阿凡提的睿智与幽默、壮族歌仙刘三姐的聪慧机敏与歌如泉涌……如果这些你们都有所了解，那就说明你们已经走进了中华民族传统民俗文化的王国。

你们也许看过京剧、木偶戏、皮影戏，看过踩高跷、耍龙灯，欣赏过威风锣鼓，这些都是我们中华民族为世界贡献的艺术珍品。你们或许也欣赏过中国古琴演奏，那是中华文化中的瑰宝。1977年9月5日美国发射的"旅行者1号"探测器上所载的向外太空传达人类声音的金光盘上面，就录制了我国古琴大师管平湖演奏的中国古琴名曲——《流水》。

北京天安门东西两侧设有太庙和社稷坛，那是旧时皇帝举行仪式祭祀祖先和祭祀谷神及土地的地方。另外，在北京城的南北东西四个方位建有天坛、地坛、日坛和月坛，这些地方曾经是皇帝率领百官祭拜天、地、日、月的神圣场所。这些仪式活动说明，我们中国人自古就认为自己是自然的组成部分，因而崇信自然、融入自然，与自然和谐相处。

如今民间仍保存的奉祀关公和妈祖的习俗，则体现了中国人崇尚仁义礼智信、进行自我道德教育的意愿，表达了祈望平安顺达和扶危救困的诉求。

小读者们，你们养过蚕宝宝吗？原产于中国的蚕，真称得上伟大的小生物。蚕宝宝的一生从芝麻粒儿大小的蚕卵算起，中间经历蚁蚕、蚕宝宝、结茧吐丝等过程，到破茧成蛾结束，总共四十余天，却能为我们贡献约一千米长的蚕丝。我国历史悠久的养蚕、丝绸织绣技术自西汉"丝绸之路"诞生那天起就成为东方文明的传播者和象征，为促进人类文明的发展做出了不可磨灭的贡献！

小读者们，你们到过烧造瓷器的窑口，见过工匠师傅们拉坯、上釉、烧窑吗？中国是瓷器的故乡，我们的陶瓷技艺同样为人类文明的发展做出了巨大贡献！中国的英文国名"China"，就是由英文"china"（瓷器）一词转义而来的。

中国的历法、二十四节气、珠算、中医知识体系，都是中华民族传统文化宝库中的珍品。

让我们深感骄傲的中国传统民俗文化博大精深、丰富多彩，课本中的内容是难以囊括的。每向这个领域多迈进一步，你们对历史的认知、对人生的感悟、对生活的热爱与奋斗就会更进一分。

作为中国人，无论你身在何处，那与生俱来的充满民族文化基因的血液将伴随你的一生，乡音难改，乡情难忘，乡愁恒久。这是你的根，这是你的魂，这种民族文化的传统体现在你身上，是你身份的标识，也是我们作为中国人彼此认同的依据，它作为一种凝聚的力量，把我们整个中华民族大家庭紧紧地联系在一起。

《记住乡愁——留给孩子们的中国民俗文化》丛书，为小读者们全面介绍了传统民俗文化的丰富内容：包括民间史诗传说故事、传统民间节日、民间信仰、礼仪习俗、民间游戏、中国古代建筑技艺、民间手工艺……

各辑的主编、各册的作者，都是相关领域的专家。他们以适合儿童的文笔，选配大量图片，简约精当地介绍每一个专题，希望小读者们读来兴趣盎然、收获颇丰。

在你们阅读的过程中，也许你们的长辈会向你们说起他们曾经的往事，讲讲他们的"乡愁"。那时，你们也许会觉得生活充满了意趣。希望这套丛书能使你们更加珍爱中国的传统民俗文化，让你们为生为中国人而自豪，长大后为中华民族的伟大复兴做出自己的贡献！

亲爱的小读者们，祝你们健康快乐！

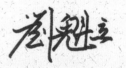

二〇一七年十二月

目　录

仙风吹下御炉香——香之源

| 仙风吹下御炉香 —— 香之源 |

中国香文化的馨香，可追溯到新石器时代晚期。在众多的考古遗址和人类活动的遗迹中探寻到距今 4000 至 5000 年间，香燎祭的使用已较为普遍。

我们从 5000 年前的第一炉香发掘出来之后，禁不住就要惊叹，先民们早在那么遥远的时期就开始使用香这种"奢侈品"了。四五千年前，在黄河流域（红山文化、龙山文化）及长江流域（良渚文化）已经出现了作为日常用途的陶制熏炉。

这些形态各异的陶香炉，不仅丰富了远古先民的日常生活和精神世界，也彰显香一开始就兼具的崇高祭祀与修炼心性的双重意义。

香，在中华文化的发展

| 灰窑豆形镂孔熏炉 |

| 蒙古包形灰陶熏炉 |

| 竹节纹灰陶熏炉 |

| 艾蒿草 |

| 沉香 |

| 鸡舌香 |

中占据了重要地位。

西周之后，春秋、战国时代也保留了大量的焚烧植物以祭祀的礼仪。

春秋战国时期的混战也没有停止先民们用香、品香的脚步，反而从祭祀的天人沟通转变成香身、辟秽、祛虫、医疗、家装熏饰的日常用途。从公卿大夫到平民百姓，佩香成为了一种风气，并且将生活用香的审美层次提高到了一定的高度。自秦一统六合，纵横宇内以来，大一统的稳定局面为中国经济文化的发展奠定了坚实的基础。秦汉时期，中国版图不断扩大，加上丝绸之路的开通，沉香、青木香、苏合香、鸡舌香、迷迭香等多种域外香料大量输入中原；香炉、熏笼开始普及。中国香学进入了一个全面发展的阶段。

汉成帝永始元年（公元前16年），首次出现了"沉木香"的记载。（《西京杂记》）

沉香之名，来源于能沉于水中的特性。

沉香的形成，一般被认为是树木分泌树脂所致。好端端的树木，自然不会兀自分泌树脂。天然的沉香，毋宁说是树木生命中劫难的副产品。

佛教自东汉永平10年（即公元67年）传入我国。魏晋时期佛教已有广泛影响，佛教自建立以来一直推崇用香，把香作为坐禅修道的助缘。释迦牟尼在涅槃之前，多次阐述过香的价值，弟子们均以香为供养。

隋的统一，结束了中国社会长期的割据局面。强盛

的国力和发达的陆海交通，使国内香料流通和域外香料输入都异常便利。各州郡都有香料特产，忻州产麝香，台州及潮州产甲香，永州产零陵香，广州南海产沉香、甲香和詹糖香。

隋炀帝杨广常于除夕在殿前庭院中设沉香火山而烧，足见其奢侈程度。

唐代宫廷用香奢侈程度并不逊于隋代，贵胄达官竞

相仿效隋人的用香之习，成为一时风尚。

海上丝绸之路在唐中期迅速繁荣，代替陆路将域外香料输入。"住唐"的阿拉伯商人对香料输入的贡献很大，他们长期居留中国，足迹遍布长安、泉州、开封、扬州、杭州等地。香料是他们经营的主要品种，包括沉香、檀香、木香、丁香、安息香、苏和香、乳香、龙脑香、胡椒、没药等。

最迟进入中土的高档香料应为龙涎香。晚唐时期，段成式撰写的《酉阳杂俎》一书才出现了有关龙涎香的记载："拨拔力国，在西南海中……唯有象牙及阿末香。""阿末香"即阿拉伯语"龙涎香"音译。

唐代焚烧类的香品，形态多样，有香丸、香饼、香膏等。这些香饼都要借助炭火熏烧才能发出香味。

唐代男女皆用香料制成

| 唐代泉州图

护肤美容的美容品，如口脂、面脂、手霜、洗浴品、香露、香粉等，用料考究，制作精细，使用普遍。可以想见大唐帝国的物质丰盛及对香文化的追崇。

宋代的经济、科技、文化均属中国封建社会的巅峰，香文化的发展到这时已达到空前绝后的高峰。

这一时期庞大的文人群体是香文化发展的主导力量，他们爱香、弄香，对整个社会产生了广泛的影响，所谓"巷陌飘香"。

在祭祀礼节方面，宋代皇帝在前往祭祀时，要用龙脑香熏衣；祭天地、祖先或其他庆典时，也要用香药熏御服。祭祀结束后，皇帝回宫，为示洁净，内侍捧着装有龙脑香的金盒，以龙脑

| 龙脑香科树 |

| 龙脑香 |

布于道上。仅仅以此一例我们并不难以想象，在各个方面登峰造极的宋人对香的痴迷和喜爱能达到什么样的程度，甚至是追求臻于极致的审美巅峰。

宋代的用香之风已经普及到市井，描绘北宋汴京繁华盛景的张择端的《清明上

河图》长卷绘画，就有多处描绘了与香有关的景象，在其末段画出的街坊闹市中有"刘家上色沉檀拣香"店铺招牌，香史学家们常有记述。

南宋文人用香更多的是追求山林气息和清高雅洁的生活情致。一代文豪黄庭坚自称"天资喜文事，如我有香癖。"他总结的香之十德，至今仍是中国香文化和日本香道用香的箴言，也一直成为各种爱香人士的座右铭。

香料的丰富和社会各阶层的广泛使用，促使宋代香学大家和制香名家的产生。文士黄庭坚、贾天锡、洪刍，道德文采都很不错，同时都以擅制香闻名。黄庭坚还留下手抄的婴香方一帧，现在作为珍贵的书法作品珍藏，也同时印证了香文化在宋代的普及。

这个时期还涌现出了大量的香学著作，如丁谓著《天香传》、沈力著《香谱》、范成大著《桂海虞衡志·志香篇》、洪刍著《香谱》、颜博文著《香史》、陈敬著《陈氏香谱》等，都是文士所编撰，为香气芬芳带入深厚的文艺修养。洪刍编《洪氏香谱》、陈敬编《陈氏香谱》，加上明代周嘉胄编《香

| 宋 张择端《清明上河图》局部 |

乘》，这三部香书尤其可贵，属于中国香文化的经典之作。作者也都成为香学史上的大家。这些书记录香料的由来、特性，历史上帝王、文士、僧侣、民间百姓用香、访香的故事，香器的形制，熏香的办法，都为后人进一步了解香文化提供了基础知识，并留下大量的合香资料，是我们今天学习香文化不可或缺的宝贵文献。

明代早期，香学的发展一度处于低谷。当然，也还有一些进步。如用来打香篆的印香炉就比前朝制作的器皿精巧多了。明代中晚期，随着经济的发展，海禁松弛，香文化又奢华回归。

明代，名士、僧道无不竞相修筑"静室"以"坐香"来习静，也就是说用"课香"

来作为勘验学问、探究心性的方法和手段。不计名士们的香斋静庐，仅明代方外僧家的坐香静室有据可查的就有132处之多。

明代中期，还出现了签香（以竹签、木签等作香芯），

线香

也称作"棒香"、"篾香"。《遵生八笺》等书载有棒香的制作方法。

此外，早期所用的合香香品，如香丸、香饼、香粉，包括佩戴的香囊、香袋等均在继续使用。崇尚节俭的明太祖朱元璋所提倡的整个明

朝文化风格，都是节俭精微的，如琴、茶文化的境界变化为淡远之风，香文化也呈现出精简的风格，更利于香文化进入寻常百姓之家。

| 棒香 |

| 古铜釉瓷炉瓶盒 |

清代是我国瓷器发展的又一重要时代。康乾时期，将香器的制作推上了历史的高峰。清代的香具品类齐全，炉、瓶、盒搭配已成定式，称为"炉瓶盒三式"。

晚清以后，中国社会遭受前所未有的冲击，香学的发展进入一个艰难的时期。自改革开放以后，几十年来随着人民生活水平的极大提高，中国的香文化也逐渐回归，方兴未艾。

沈香断续玉炉寒——香之品

| 沈香断续玉炉寒 ——香之品 |

何谓"香之品"？香料品类之谓。没有香料，也就谈不上香文化，因此它们是香的本体、根基。

中国香文化早期，即原始时期、先秦时期，运用的香料种类并不多，只是用几种本土出产的香草，如香蒿、泽兰、零陵香、高良姜、辛夷花蕾之类，以充佩香、烧香、香水之用，芳香亦不甚清冽。这是因为古代交通不便，盛产品质优良香料的西域、南亚，与中国相隔重洋、大漠、高山，未能与中国有过大规模的商业流通。

直到秦汉时期，交通发达，万国来朝，西域、南亚的珍贵材料传到中原，但多为王侯贵族所享受。而随着佛法东渐，来往愈多，献香供养、烧香净室，逐渐成为人们日常生活的一部分。唐宋以后，赏香之法也发生了变化，人们开始将多种材料调和在一起，做出多种多样的芳香，有时虽用同一材料，但其分量或品质的毫厘之差，也会对香品的味道形成极大的影响，因此人们对香料的研究日益精细，文人们也积极参与其中。宋代文人叶廷珪所著《香录》、丁谓所著《天香传》等书即是因此而成。在各种合成的香料中，都有香德、香韵存在。

古人所用香料可以大略分为六种：植物枝叶、花蕾、树木、树液、动物、矿物。

植物枝叶包括兰、零陵香、白芷、藿香、甘松香、藁本、木香、茅香、香附子、小茴香、郁金香（姜科姜黄属，不是百合科的郁金香花）等。

花蕾包括丁香（为桃金娘科的香料，不是木犀科的丁香花，也叫丁子香）。

树木包括白檀、沉香、肉桂等。

树液、精油包括樟脑、龙脑、乳香、没药、苏合香、安息香、降真香、枫香脂等。

动物包括龙涎香、麝香、甲香。

矿物指焰硝等。

零陵香（薰草、蕙草、香草、燕草、黄零草）

白芷（芳香、泽芳）

藿香（兜娄婆香）

|甘松香|

|茅香（喼尸罗、香麻）|

|藁本|

|香附子（雀头香、草附子）|

|木香（蜜香、青木香、五木香、
南木香、广木香）|

|小茴香|

郁金香（郁金、紫述香、草麝香、茶矩摩）

沉香（沉水香、沈水香、蜜香、栈香、笺香、黄熟香）

丁香（丁字香、丁子香、鸡舌香）

肉桂（桂）

白檀（檀香、旃檀、真檀）

樟脑（韶脑）

| 龙脑（冰片、片脑、羯婆罗香、婆律香）|

| 苏合香 |

| 乳香（熏陆香、马尾香、天泽香、摩勒香、多伽罗香）|

| 安息香 |

| 没药（末药）|

| 降真香（紫藤香、鸡骨香）|

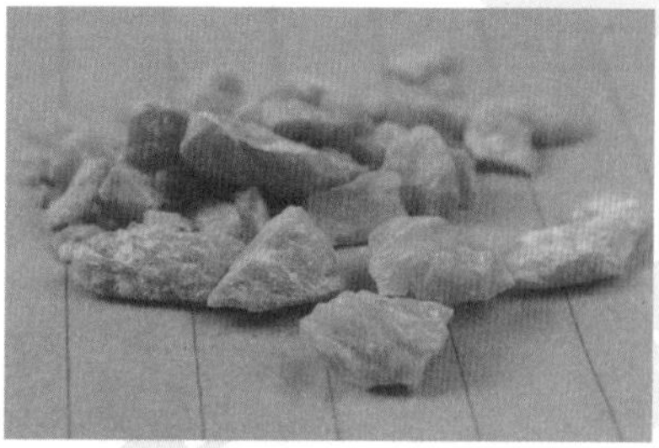

| 枫香脂（白胶香）|

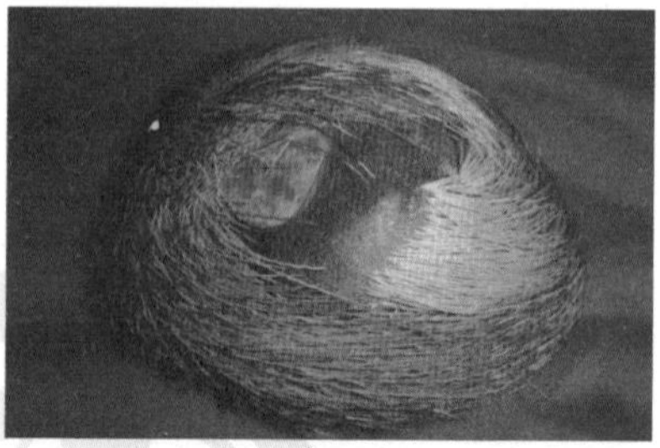

| 麝香 |

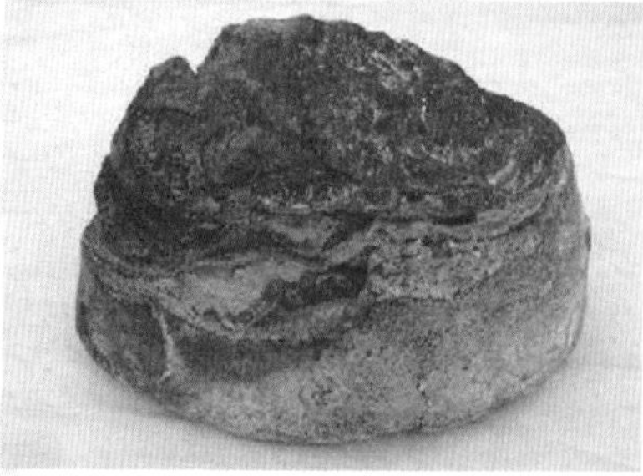

| 龙涎香 |

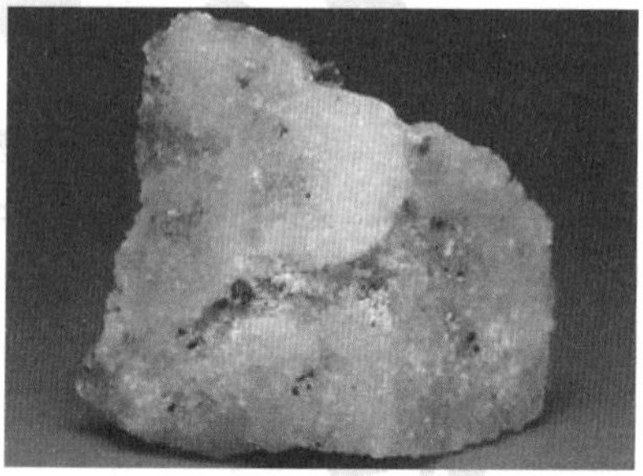

| 焰硝（硝石、芒硝、苦硝、熖硝、火硝、火硝、地霜、生硝）|

博山炯炯吐香雾——香之器

| 博山炯炯吐香雾——香之器 |

中国香文化中焚香所用之器，首创于原始时期，不过是陶塑造而成，比较质朴，只求实用，不顾艺术性。后来不断发展，形状百出，变得风雅优美，各尽匠意，艺术性不断洋溢出来，惹得爱香人士追求不已，有时尤甚于香料。譬如香炉，文人若能得到一个称其心意的香炉，放在书斋玉案之上，每日用布轻拭尘埃，而光泽渐增，或待其清晨鸟啭、夜深人静之后，或倦于读书之时，轻点一炷香，白烟飘摇而起，缕缕不绝，精神为之爽快，有无穷滋味。

香炉即"香之器"的代表，其种类繁多，包括"博山炉""香鼎""竹炉""香球""宣德炉"等。

博山炉

"博山炉"其名颇为脍

|博山炉|

宫廷、民间常见的焚香所用的器具。一般博山炉都是青铜器或陶瓷器，炉体呈青铜器中的豆形（豆是古代盛放肉类的器皿，形状与"豆"字类似，上有盖，盖高而尖，镂空，呈山形，山形重叠，其间往往雕有飞禽走兽，仙人异士，隐现其间。象征着传说中的海上仙山"博山"。它也就因此而得名了。"博山"之态，奇峰凹凸，崎岖盘曲，香烟从其上面小孔喷出，香雾飘摇，飞禽走兽若在流云叆叇中出没，令人有坐游仙境之感。再加上香气扑鼻，视觉、嗅觉叠加在一起，不难想象是怎样奇妙的体验。

炙人口，宋代吕大临《考古图》卷十云："炉象海中博山"，是汉、魏、六朝时期

香鼎

香鼎是鼎型香炉，多用

先秦时三足鼎的造型，配以青铜器的花纹，如兽面纹等，甚是古雅。材质多用金、铜铸造，有时也用石、竹、木雕刻而成，下有三足，可分有盖和无盖两种。宋代诗人黄庭坚《谢王炳之惠石香鼎》云："薰炉宜小寝，鼎制琢晴岚。香润云生础，烟明虹贯岩。法从空处起，人向鼻头参。一炷听秋雨，何时许对谈。"

| 香鼎

竹炉

竹炉是指用竹子做的香炉。北宋著名诗僧惠洪所写《竹炉》云："博山沉水觉尘埃，旋斫凌云绿玉材。自拭锦襜含泪粉，要焚银叶返魂梅。意消未掩黄庭卷，火冷空余白雪灰。应把熏衣闭深阁，流苏想见画屏开。"

香球

香球也写作香毬，是汉唐时流行的香炉，也即《西京杂记》记载的"长安巧工丁缓，作被中香炉。"香球形状独特，是一种金属制的

| 香球

镂空圆球，内部安置一个能转动的金属钵，在钵中盛上燃炭和香丸以后，无论香球怎样滚动，小圆钵在重力作用下，都会带动机环与它一起转动调整，始终保持水平方向的平衡，不会倾翻。此种香球既安全又洁净，可以在长夜中温暖的被衾下"暗香袭人"。它也叫做香囊，曾经是杨贵妃等唐宋时的仕女名媛身上的佩饰。

对此香炉中之神器，古人赋咏甚多，譬如白居易《想东游五十韵》云："柘枝随

铜象耳宣德炉

画鼓，调笑从香球"。

宣德炉

宣德炉，是由明宣宗在宣德三年参与设计监造的铜香炉，简称"宣炉"，是中国历史上第一次运用风磨铜铸成的铜器。为了制作出精品铜炉，整个制作过程都在宣宗皇帝的亲自督促下完成，包括炼铜、造型等。器型必须参照《宣和博古图》《考古图》等典籍及内府密藏的数百件宋元名窑，精选符合适用对象、款制大雅的形制，将之绘成图样，呈上亲览，并说明图款的来源和典故的出处，经过筛选确定后，铸成实物样品呈上过目，满意后方准开铸。因此宣德炉的艺术成就极高。世称宣德炉最妙在色。史料记

载有四十多种色泽，温润内融，由黯淡中见奇光，为众人所爱。

香之器还包括香合、手炉、香筒、香插、香台、香匙、香箸、银叶、香灰等。

香合

香合（香盒）

香合是盛香之盒。白居易《长恨歌》云："惟将旧物表深情，钿合金钗寄将去。钗留一股合一扇，钗擘黄金合分钿。但教心似金钿坚，天上人间会相见。"诗中"钿合"是有螺钿装饰的香合，盖与本体可以离合。据说，杨贵妃把香合分开为二，托道士转给唐明皇，以为信物。

手炉

手炉是带有提梁、可握在手中的小熏炉，可以暖手、烧香，冬日最适合带此炉出门。炉子表面镂空，雕琢成各式图案，有方形、圆形，材质分铜铸、玉雕等。

鹊尾香炉

鹊尾香炉，也叫香斗，长柄手炉，带有长长的握柄，雕饰莲花或瑞兽。敦煌壁画中常可见到。

香筒

香筒是盛行于明清的香

25

器，可以熏烧线香或夹放鲜花，也称"香笼"。其外形为圆筒状，上有盖，下有底座，以竹木、象牙、玉石镂空雕成，筒内设有小插管安插线香或鲜花。

卧炉

卧炉，即横式香熏，可以横着点燃线香。

香插

香插，用于插放线香，一个小座子，带有插孔。插孔大小、数量不等，这样可以插不同规格、不同数目的线香。

香台

香台即香盘，即焚香的承盘，用铜、木等制作。

香匙、香箸

香匙、香箸是焚香时所用的匙与箸（筷子）。香匙用来摊平香灰、取出香末。香箸用来调和香料、夹出香料等。

银叶

银叶是对香料加热时，为隔火而用的白银片，或用云母，亦称银叶。炭火与香料之间置一银叶，只用热量

| 银叶 |

来烘烤香料，使得香味散发，以绝烟熏之气，而芳香不减。银叶之名，宋朝始见。苏东坡《祥符寺九曲观灯》写道："纱笼擎烛迎门入，银叶烧香见客邀。"

香灰

香灰是香炉中的灰。因为香灰的质量对炭火的影响很大，古人认为炉灰最好是纸灰和石灰，加水调合成团，再放入大火灶内烧红，再研细，这样的灰用起来则不熄火。

香灰亦有药效，《本草纲目》卷七《香炉灰》记载："主治跌扑金刃伤损，罨之，止血生肌"。可以想见这正是香之妙用，连香灰都是宝贝。

朝罢香烟携满袖——香之事

| 朝罢香烟携满袖——香之事 |

中国香文化流传久远。古往今来,中国历史上留下不少与香有关的雅人、雅事、雅诗。与香结缘,传下佳话,总是那么可喜,可供我们追怀、取法。我们可以从中体会到香的清韵淡远、香的情意绵绵,体会到如香一般芬芳的品格。

这些都积淀在古书的记载里,是我们的宝贵财富。

古书的书页已经泛黄了,但这些记载从来未曾远去,对我们今日如何继承香文化仍大有启迪。

屈原佩兰

提及香草,国人都会第一个想到兰。"兰为王者香",中国人对兰的热爱是全民性的。孔子曾说"夫兰,当为王者香气"。而文人雅士对于佩兰的追求,以兰为君子

| 屈原像 蒋兆和绘 |

品德象征也是由来已久，那么我们追寻着香草美人的足迹能够寻找到的代表人物，非战国时楚国的三闾大夫屈原莫属了。

屈原在《离骚》、《九歌》里提到的香草名目众多，种类各异。其中有白芷、花椒、佩兰、山药、杜衡、菊花、桂花、泽兰、辛夷、蘘荷、菖蒲等数十种之多，可见先秦时期的人们在努力地种植和采集香料。而君子的美德和"香草美人"的比喻在这个阶段也成为一种成熟的说法，例如屈原《离骚》中咏叹："扈江离与辟芷兮，纫秋兰以为佩"；"朝饮木兰之坠露兮，夕餐秋菊之落英"。屈原与香结缘来源于对自然的关怀和自身的体悟。

武帝返魂香

西汉武帝，是中国历史上文治武功皆备的皇帝。其作品也有与香有关的。他的《秋风辞》所云："秋风起兮白云飞，草木黄落兮雁南归。兰有秀兮菊有芳，怀佳人兮不能忘。泛楼船兮济汾河，横中流兮扬素波。萧鼓鸣兮发棹歌，欢乐极兮哀情多。少壮几时兮奈老何？"感应时节，伤秋追思，香草美人，白衣苍狗，一代帝王的柔情几许，也是让人心驰神往。其中武帝对于兰泽芳草的喜爱溢于言表，对于香草美人精神世界的追求也是有迹可循的。

孔明丁香

有经世之才，多智而近

妖；殚精竭虑，出师未捷身先死，可以说是世人对诸葛亮的直观评价。对诸葛亮非常欣赏的孙权经常派遣使者前来通好，进一步稳定双方之间的同盟关系，而远在中原的曹操也听说诸葛亮的声名，派使者送来了鸡舌香（丁香）给诸葛亮。《曹操集》中《与诸葛亮书》记载："今奉鸡舌香五斤，以表微意。"那么，曹操为什么要千里迢迢送给诸葛亮鸡舌香呢？

曹操给诸葛亮送鸡舌香，实际上是在默默地向诸葛亮递出橄榄枝，暗示让他弃暗投明，如尚书郎一般口含鸡舌香则指两人同朝共事。

魏武分香卖履

曹操，本人留下关于香的典故不光是赠诸葛亮鸡舌香，还有一个更著名的，是分香卖履。

曹操临终时的《遗令》写道："吾婢妾与伎人皆勤苦，使著铜雀台，善待之。于台堂上，安六尺床，下施繐帐，朝脯设脯糒之属，月旦、十五日，自朝至午，辄向帐中作伎乐。汝等时时登铜雀台，望吾西陵墓田。馀香可分与诸夫人，不命祭。诸舍中无所为，可学作履组卖也。"意思是说，自己身后留下的婢妾、乐伎，都很勤苦，居住于铜雀台，要善待她们。台上安放六尺床，挂上灵帐，早晚上食物供祭，每月初一、十五，从早至午，向着灵帐演出乐舞。要时时登上铜雀台看望我西陵的墓地。平时用剩下的香可分给诸夫人，不必用来祭祀我。婢妾等人没事情干，就学做带子、鞋子去卖。

隋炀帝沉香火山

明代周嘉胄《香乘》中记载："隋炀帝每至除夜，殿前诸院，设火山数十，尽沉香木根也。每一山焚沉香数车，以甲煎沃之，焰起数丈，香闻数十里。一夜之中用沉香二百余乘，甲煎二百余石。"古代在除夕夜，要焚火驱邪，就像今天的放鞭炮一样。隋炀帝在宫殿庭院里设数十座火山，用沉香木来烧，再时不时添上甲煎香，火焰腾空，香气飘散。

徐铉伴月香

香文化中，文人墨客焚香之典故是很多的。许多文人自己动手制香、焚香，不假他人之手。袅袅芬芳之中，始终透出一缕斯文之气息，一缕清雅的情怀。徐铉的伴月香就是如此。

徐铉是五代至北宋年间著名的文士。这么一位文士，喜爱月光，也喜欢焚香。每逢皎洁的月亮升起，他就独坐于庭院，任月光洒下，面前只焚香一炉而已。明代高濂《遵生八笺》的《论香》篇载有此事："伴月香，徐铉月夜露坐焚之，故名。"月明和香氛交融，调和身心，心地清澄。岂不就是一个文士用心营造的意境？唯有如此之境界，才能阅书、深思，才能下功夫做学问、追求艺术真谛。

如今，伴月香成为文人香之名品。

宋高宗香蜡烛

古代有一种香蜡烛，使用当时最昂贵的进口龙涎香、沉香、龙脑香混合在蜡烛内，一旦点燃，则香气飘溢，十分奢侈。北宋灭亡，徽宗、钦宗和后妃被金人俘虏，送往五国城。徽宗之子赵构即位，就是宋高宗，建立了南宋小朝廷，年号为建炎，后为绍兴。被金军打得东躲西藏，这么奢侈的蜡烛自然没有了。一直到南宋与金议和，金人把宋高宗的母亲韦太后送回到南宋，高宗才下令制作了十几枝香蜡烛，在庆贺韦太后寿诞的宴席上点燃起来。

斜倚薰笼坐到明——香之诗

| 斜倚薰笼坐到明——香之诗 |

中国诗词中咏香炉、香事、香料的篇章很多，多得数不胜数，大多是借香表达文人之品德，男女之爱情，宫娥之哀怨等。

从屈原的美人香草之篇开始，历代歌咏不绝。

唐代诗人贾至的《早朝大明宫呈两省僚友》诗，写的是平定安史之乱后的大唐朝廷在大明宫的朝会。"银烛朝天紫陌长，禁城春色晓苍苍。千条弱柳垂青琐，百啭流莺绕建章。剑佩声随玉墀步，衣冠身惹御炉香。共沐恩波凤池上，朝朝染翰侍君王。"

对贾至的这首诗，诗人王维、杜甫都有和诗。王维《和贾至舍人早朝大明宫》，也写到香烟浮动在穿衮龙纹的皇帝身边，更添加一层华贵气象："绛帻鸡人报晓筹，尚衣方进翠云裘。九天阊阖开宫殿，万国衣冠拜冕旒。日色才临仙掌动，香烟欲傍衮龙浮。朝罢须裁五色诏，佩声归到凤池头。"

杜甫《和贾至早朝大明宫》写一大早的朝会，有春色芬芳、旌旗拂动，燕雀飞鸣，还要熏香，烟雾袅袅，真是一片庄严肃穆的景象；官员们上完朝，连衣袖都被熏染香了，正可挥毫写出珠玉般的诗文。这里也是在赞美世掌丝纶（世代掌握皇帝的诏书撰写、代拟）的贾至，在凤凰池畔中书省工作，所撰文翰真如凤毛麟角般珍贵："五夜漏声催晓箭，九重春色醉仙桃。旌旗日暖龙蛇动，宫殿风微燕雀高。朝罢香烟携满袖，诗成珠玉在挥毫。欲知世掌丝纶美，池上于今有凤毛。"

白居易的《后宫词》，借着香写出深宫里的宫女之宫怨："泪湿罗巾梦不成，夜深前殿按歌声。红颜未老恩先断，斜倚熏笼坐到明。"

诗人李商隐的《烧香曲》，描写宫廷中女郎烧香，思念君王，写到博山香炉的形态、用云母做成的隔火，意境冷艳："钿云蟠蟠牙比鱼，孔雀翅尾蛟龙须。漳公旧样博山炉，楚娇捧笑开芙蕖。八蚕茧绵小分炷，兽焰微红隔云母。白天月泽寒未冰，金虎含秋向东吐。玉佩呵光铜照昏，帘波日暮冲斜门。西来欲上茂林树，柏梁已失载桃魂。露庭月井大红气，轻衫薄细当君意。蜀殿琼人伴夜深，金銮不问残灯事。何当巧吹君怀度，襟灰为土填清露。"

南唐后主李煜的多首诗词里也写到烧香，衬托出宫廷中宫娥、君王的生活。其《临江仙》词道："樱桃落尽春归去，蝶翻金粉双飞。子规啼月小楼西。玉钩罗幕，惆怅暮烟垂。别巷寂寥人散后，望残烟草低迷。炉香闲袅凤凰儿，空持罗带，回首恨依依。"

宋代女词人李清照著名的《醉花阴》词："薄雾

浓云愁永昼，瑞脑消金兽。佳节又重阳，玉枕纱橱，半夜凉初透。东篱把酒黄昏后，有暗香盈袖。莫道不消魂，帘卷西风，人比黄花瘦。"这首词是她在重阳时节时写的，抒发对丈夫赵明诚的思念。

黄庭坚的《复答子瞻》，是答苏东坡的作品："置酒未容虚左，论诗时要指南。迎笑天香满袖，喜君新赴朝参。迎燕温风旎旎，润花小雨斑斑。一炷烟中得意，九衢尘里偷闲。"诗歌写了与

苏东坡的真挚友谊，时常与他喝酒，谈论诗艺；写苏东坡焚香得到意趣，在街市尘世中得以偷闲之意。一文一诗，是相通的。

沉水熏香檀吐屑——香之熏

| 沉水熏香檀吐屑——香之熏 |

熏香，使人们获得美好的香气，是香文化中的核心内容。

最早，人们直接在身上佩戴香草。《楚辞》里就写到以香草为佩。后来，把香草放在绢做的香囊里随身携带。这种方法直截了当，后来出现的佩香珠、用香做数珠等方法，其实都是这个方法的延续。直到炉具发明，在炉子里熏香就出现了。

炉中熏香，飘溢香气，是香文化的核心之核心。一般所说的品香方法，就是指熏烧炉香。无论是香水、香油、香粉、佩香囊、佩香珠之类，虽也带着香气，都不能与之相比。古代文士都少不了这炉香。著名学者扬之水老师的著作《古诗文名物新证》考证了许多香事，归纳说："宋人的燕居焚香原是一种真实的生存方式，'诗禅堂试香'曾是故家风流的'赏心乐事'之一。'却挂小帘钩，一缕炉烟袅'，平居日子里的焚香，更属平常。"

熏香本来是在香炉中直接焚烧香草。湖南马王堆西汉墓中出土的熏香炉，炉子里就直接放着焚烧后的茅香根。汉代后广泛运用各种香木，把香木凿出薄片放入香炉中焚熏。并逐渐流行合香，把香料合成香丸、线香等放入香炉焚熏。这就是焚香法。

至少在唐代，出现了隔火熏香法。它有一定的步骤，不急不躁，蕴含了文人的志趣，所以深受喜爱，一直流传至今。

隔火熏香是把银叶、云母之类制作的隔火架在炭火上，香料再放在隔火上，不直接被炭火燃烧，只是靠着炭火的温度让香料的香气悄然散出，比较缓慢，香味清纯，无烟烧火燎之烟气。此法在唐、宋诗章中已屡见提及。

明人高濂《遵生八笺》中有"焚香七要"里面记载的"隔火砂片"，把隔火熏香法写得很详细。指明焚香时需要的是香味，不需要很猛烈的香烟缭绕。香烟若蓬勃喷发出来，则香味弥漫，很快就会熄灭。所以要使得香味幽幽而出，久久不散。那就需要隔火了。当时有人以银钱、明瓦片用作隔火。

焚香时，先把炭墼（用炭末捣制成块状）烧透，放入炉中，把炉灰拨开，仅埋住炭墼的一半，不能立即就用灰盖住。先用生香焚烧，叫做"发香"，是为了让炭墼焚香时不会很快熄灭。香焚成火后，才用筷子拨灰埋住炭墼，四面堆上去，炭墼上面也遮盖着灰，灰厚五分，然后根据火之大小，加上隔火砂片，片上又加香，于是，香味就悄悄散发而出。不过，要用筷子在盖着炭墼的灰上四面插出几十个小眼，以通火气，使火气周转，炭这才不熄灭。如果香味太过浓烈，那就是火太大了，要赶紧把砂片拿起来，加上灰再焚烧。这其中的细节也是很讲究的。更妙的是，焚香尽后，炭火余香未散，还可以放进火盆中，熏衣、熏被子。

今天恢复的品香步骤，最多的还是焚香、蒸香这两种。品香的流程也有一定之规。

品香师制备香品：把香木从香盒或香罐中取出，凿刻出薄片，或锉成粉末。若是使用合香，则将香盒盖打开即可。

备置香灰：香炉内放香灰，但不能放满，约八分满即可。把香灰压得较密一些，但不能压实。然后开出一个放置炭火的小孔。这时候就要用香铲或香匙了。备好香灰，要用羽毛清扫炉口和香铲、香匙上的灰。

烧炭：香炭要点燃，烧透呈火红色。如果不烧透，就急着焚香，蒸香，就会有火炭气。今天一般用打火机等烧炭。若有条件，可以用火炉等烧炭。

入炭：用香箸夹住烧透的香炭放入炭孔中，拨一层香灰四面覆盖，整理平整，并扎出小气孔透气，否则香炭会因不通风而熄灭。

然后放置香料于炭火上，直接焚烧。这就是焚香法。或放置隔火于炭火上，隔火上再置香，这就是蒸香法。待香气发出，就可以在众人手中传递香炉以品香。

品香时，一手平托起香炉，另一手掌弯曲罩住香炉口，鼻子凑近，使香气聚集而透，再缓缓吸气，细细感觉。呼气时，要将头微微转开，不要正对着香炉。品香时每个人轮流而品，不能久久霸住香炉不放。可记录下每一次品香的感受，互相交流。

品香结束，以净布一一擦拭香器，放回原位。

焚香法与蒸香法其实各有优点，所以得以并存。烧线状的线香、三角锥状锥香以及篆香，就都是焚香法。或用香木薄片来焚香。焚香气味激发较快，适宜用在大厅堂上。蒸香法则便于在小室空斋中使用。

还有一种闷香法，也是品香良法。其法是介于焚香、蒸香之间。在香炉中的香灰可以开出小洞，填上香粉，点燃；再添加香粉一层，将要燃着时再加一层。大约

加到五层，有烟气微微，再用香灰遮住。则香气飘扬，烟雾不出（或只有少许轻淡之烟）。

如今是电子时代，还出现了一种新式品香用具：电子香炉。只要通上电就可以使用，不用燃火，用电加热香料，使得香气散逸。还可以根据不同香料来调整加热的温度，使得香气散发或快或慢，随着自己的意思来调整。对今天的快节奏生活来说，这是很方便的。当然，电子炉再怎么方便也不是万能的。它省略了焚香或蒸香的过程，便没有更多的体悟。它不会也不能取代传统熏香方法。

这里介绍一下篆香，也就是打香篆，因为其文如篆刻而得名。又叫印香，因

为是用模具印出的。篆香是把各种香末调和，再用香印（给香料造型与印字的模具）放在香炉的灰面上，填入香末，压得实一些，印出造型、字样，拿出香印，就是一个香篆，就可以点燃一头，慢慢燃烧了。由于燃速均匀，就可以通过观看此香燃烧的程度来计算时间。香篆最初是在寺庙里由僧侣诵经时用的，可用来礼佛，计时。

|《印香图谱》选图|

戒定慧香补陀伽——香之道

| 戒定慧香补陀伽——香之道 |

传统宗教与香文化的关系极其密切，焚香或作为献神的供品，或作为冥想入定的帮助，带有神秘哲学的色彩。而与此同时焚香方式亦不断发展，在宗教仪式上有更加重要的位置。现在流行的不少采取芳香植物进行养生医疗的流派，很多又是从宗教的修炼方法中分离出来，自成一体。因此探讨宗教与香文化的关系就可以使我们更深地发掘芳香对人心、人体的潜藏价值。

道教与香

道教是中国本土宗教，一般说来道教与道家学说是不可分离的。

道教与香文化的关系可以追溯到道教刚刚创立不久的汉魏时期，《三国志·孙策传》裴注所引《江表传》云："时有道士琅邪于吉，先寓居东方，往来吴会，立精舍，烧香读道书，制作符水以治病，吴会人多事之。"于吉是当时在东吴有名的道士，或被视作道家经典《太平经》的作者。于吉读书时，还"烧香"，可能是为了除秽去污、或通神明而作的。道家经典《真诰》云："屡烧香左右，令人魄正。"平时在身边焚香为乐，可以让人魂魄保持"正"的状态。

宋人洪刍在《洪氏香谱》中引用道家经典，更明确地说明道家焚香的意义：我们生活的世界是五浊恶世，"魔邪之气"上冲虚空达到四十里，但如果在寝室焚烧青木香、乳香、安息香、胶香，就可以扫除人间不净之气，因此天上的仙人也闻香而来。焚香是俗世之人与天上神仙交流的方法之一。

道士在举行仪式时也有焚香之礼，道书所载《上香偈》云："谨焚道香、德香、无为香、无为清净自然香、妙洞真香、灵宝惠香、朝三界香。香满琼楼玉境，遍诸天法界，以此真香腾空。上奏焚香有偈：返生宝木沉水，奇材瑞气氤氲。祥云缭绕上通，金阙下入幽冥。"

这首"偈"的内容，写出道德之香、无为之香，即自身的修为也可以是香；加上自己所焚的香料，发出香烟，上达仙界，飘摇宇宙，无所不至。

另外，道士所用香料也有规定。宋人李昌龄所编《太上感应篇》云："延降上真，不可烧乳头香、檀香，谓之浴香"，此处"乳头香"即乳香，可知道家忌乳香与檀香。但在《洪氏香谱》所引道书中，用于焚香的香料有"熏陆"，熏陆即乳香，可能是道家分派不少，对香料的见解亦自然有所不同。

古代还流传着一些道教常用的香方。如一种信灵香，一名三神香，是极为神奇的香。周嘉胄《香乘》记载有关于此香由来的神话般的故事，录下了这香的配方。说是一位修道真人居住三公山，被毒蛇猛兽侵犯，只得下山居住。一日三位道人忽然来投宿，真人与他们谈起三公山之美，可惜有毒蛇猛兽。一位道人就赠送了一份奇香，焚烧时据说是可以开天门地户、入山能驱除猛兽、能免刀兵。真人得到香，重又进入三公山，附近的蛇兽闻到香都逃开了。有一天，那位赠香的道人散着头发背着古琴，凌空而来，把这帖香方书写在石壁上，从此香得名三神香。

古代在举行祭祀天地的仪式时，用萧草等香草，配合供献上的谷米等的天然香气。汉魏后香木流传广泛，逐渐流行用沉香等。

佛教与香

大约在东汉明帝的时候，佛教传入我国，洛阳白马寺就是中国最早的佛寺。

因为天竺乃毒热之地，

树木丛生，人们终日流汗淋漓，毒蛇毒虫也不少。为了防止恶臭及疾病，驱除毒物，古来印度人通过浴香、涂香、焚香，使自己身体保持清净，款待贵人必用香料。香料对古代印度人来说是生活中的必需用品，不但可以防止染病，还有延年益寿的药效。南亚印度也出产香料，使用较为便利。自然而然，佛教形成后也加以吸收这些习俗，逐渐形成了独特的佛教香文化。

关于佛教与香的关系，《法华经·法师功德品》中存在着特别有趣的一文。释迦如来告诉常精进菩萨说："复次，常精进！若善男子、善女人，受持是经，若读、若诵、若解说、若书写，成就八百鼻功德。以是

清净鼻根，闻于三千大千世界上下内外种种诸香：须曼那华香、阇提华香、末利华香、瞻卜华香、波罗罗华香、赤莲华香、青莲华香、白莲华香、华树香、果树香、栴檀香、沈水香、多摩罗跋香、多伽罗香，及千万种和香，若末、若丸、若涂香。持是经者，于此间住，悉能分别。又复别知众生之香：象香、马香、牛羊等香，男香、女香、童子香、童女香，及草木丛林香：若近、若远、所有诸香，悉皆得闻，分别不错。持是经者，虽住于此，亦闻天上诸天之香：波利质多罗、拘鞞陀罗树香，及曼陀罗华香、摩诃曼陀罗华香、曼殊沙华香、摩诃曼殊沙华香、栴檀、沈水、种种末香、诸杂

华香；如是等天香和合所出之香，无不闻知。又闻诸天身香：释提桓因在胜殿上，五欲娱乐嬉戏时香；若在妙法堂上，为忉利诸天说法时香；若于诸园游戏时香；及余天等男女身香，皆悉遥闻。如是展转乃至梵世，上至有顶诸天身香，亦皆闻之，并闻诸天所烧之香。及声闻香、辟支佛香、菩萨香、诸佛身香，亦皆遥闻，知其所在。虽闻此香，然于鼻根不坏不错，若欲分别为他人说，忆念不谬。"

我们再看《维摩经·香积佛品》的关于芳香的记载：叙述毗耶离城居士维摩诘，家财无尽，荣华富贵，深通大乘佛法，有一日他与文殊师利等人共论佛法，阐扬大乘般若性空的思想。

佛弟子都进去维摩居士的"方丈室"之后，开始问答，最后维摩居士用神通力邀请大家观赏众香国的风景。众香国是一位名为香积的如来之净土，是芳香充满的美妙世界。以香作富丽堂皇的楼阁，苑园里边遍地皆香以周流十方无量世界的香气为食。

关于佛教中的"香哲学"，最有名的是《楞严经》卷五所载的香严童子的故事。香严童子对释迦如来说自己开悟的过程："我闻如来，教我谛观，诸有为相。我时辞佛，宴晦清斋，见诸比丘，烧沈水香，香气寂然，来入鼻中，我观此气，非木、非空，非烟、非火，去无所著，来无所从。由是意销，发明无漏，如来印我，得香严号。

尘气倏灭，妙香密圆，我从香严，得阿罗汉。佛问圆通，如我所证，香严为上。"

宋代诗人黄庭坚是著名的在家居士，他所写的《幽芳亭记》是借用这些《楞严经》对嗅觉概念的想法而发展的小品文，笔路轻快，巧用俗语，颇有奥妙之禅味。此处"幽芳"是兰草之香，有风一来，清芬四放，诗人黄庭坚对此开始思索："且道这兰香从甚处来，若道香从兰出，无风时又却与萱草不殊。若道香从风生，何故风吹萱草，无香可发。若道鼻根妄想，无兰无风，又妄想不成。若是三和合生，俗气不除。若是非兰非风非鼻，惟心所现，未梦见祖师脚根，有似恁么，如何得平稳安乐去？"

关于嗅觉认识，黄庭坚提出"兰花"、"风"与"鼻根"三种可能性，然后再说"三和"与"三非"的概念，但最后都被本人否定，结论无定。这篇文章的逻辑如同迷宫一般，不知所终，读完之后唯有一脉缕缕不绝的禅香。作者黄庭坚喜爱芳香，自称"我有香癖"，他所写的诗歌作品中有很多关于芳香的描写。

《十六罗汉赞·伐阇罗吠多罗尊者》就是其中之一："百和香中本无我，光透尘劳一一法。佛法本从空处起，炳然字义照太空。以此一香应发心，东方出日西方雨。我今稽首伐阇罗，是真离欲阿罗汉。"

佛教如此重视香，中国佛寺里的熏香自然都是很讲究。关于历史上寺庙里所用的合香法，有兴趣的可参阅宋代洪刍《洪氏香谱》、陈敬《陈氏香谱》、明代周嘉胄《香乘》中的具体记载。

这些寺庙里所用的合香法的共同点是极少用麝香、甲香等来自动物的香料。佛家遵守杀生戒，七堂伽蓝之中，献给佛菩萨的芳香也不太喜欢用此类之物。只是唐代偶尔用，后代就不用了。主要材料是檀香、沉香等见于佛经的香料，同时加以白芷、甘松、藿香等气味清淡的香草，其芳香幽雅清远，深厚微妙，沁入鼻观，可以令人发深省而发菩提心。并且有的还注意加入了官粉、炒硝，以起到引接火焰的作用，让香烧起来就绵连不断，无熄灭中断之患。今天佛寺用香也多继承古法。

按佛教说法，佛祖的生日是农历四月初八。据佛典记载：佛陀降生后，天降香水为之沐浴。所以四月初八也叫浴佛节，佛教徒们要在寺庙、禅林举办浴佛、诵经法会仪式，纪念世尊诞生。

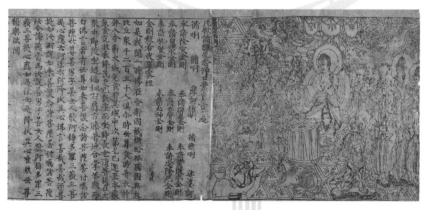

唐代雕版印刷《金刚经》

浴佛所用的水，是香药煎成，叫做浴佛水。宋代孟元老《东京梦华录·四月八日》载："四月八日佛生日，十大禅院各有浴佛斋会，煎香药糖水相遗，名曰'浴佛水'。"每逢浴佛节，佛寺里常可见香客站成长长的队伍等待浴佛。佛像放在大盆内，僧众诵经，高宣佛号，每人舀起香水洒在佛像上，这也叫做灌佛。浴佛完毕后，香客们依次领取浴佛香汤一勺喝下，欲求佛祖、菩萨保佑全家长寿安康、幸福快乐。也因此，香汤里是放有糖汁的，于人体有益。

香炉烟外是公卿——香之德

| 香炉烟外是公卿——香之德 |

香是大自然赐给人类的有形无象的芬芳物质。淡淡的馨香，延续着中国文化的优秀传统。香文化是中国传统文化金字塔尖那抹炫丽而高贵的彩云，好香是人与生俱来的天性，有如蝶之恋花，木之向阳。香，能在馨悦之中调动人们心智的灵性，于有形之间调息、通鼻、开窍、调和身心，妙用无劳。香，既能悠然于书斋琴房，又可缥缈于庙宇佛庵；既能在静室闭观默照，又可于席间怡情养性；既能在虚里绝虑凝神，又可在实里祛病疗疾。

直到我们开始真正进入香的世界，与它耳鬓厮磨、

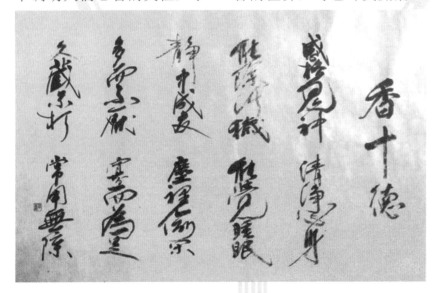

肌肤相亲、并循着它的香味追本溯源，我们才终于深深体悟，所谓薪火相传，香烟不断，原来不是执著的迷信，而是我们的先辈们靠着生命积淀得出的终极信仰。

在文人雅士的世界中，香不仅仅是日常装点情趣的伴侣，是寄托情思的载体，更是展现君子优雅从容，优哉游哉的艺术珍品。在宴乐朝会之余，案头几畔，香几乎从秦汉时代一直延续到今时今日，香炉风送，微熏款款。士大夫们沉醉在香的精神世界中。

中国传统士大夫喜欢的艺术：琴、棋、书、画、茶、花，今人常常称为六艺。这六种艺术历史悠久，承载着传统的雅韵，深远的情感，又都离不开品香的陪伴，香气的感悟。香和六艺之间的关系，我们理应深入了解。

琴，即古琴、瑶琴、玉琴、七弦琴，是中国历史最悠久的乐器之一。古时人们弹琴，是很庄重的事，要衣冠端正，净手，焚香，静下心来。所奏琴声才能是清雅正声，不涉旁门左道。琴与香是早已结缘的。琴香这个词也就可以代指弹琴和琴艺。而且好的古琴用特别优质的梧桐木、杉木等制作，弹奏时通过琴弦的震荡，可以散发出自然的木香，琴香又可以指琴的品质。

宋代文士赵希鹄撰有《洞天清禄集》一文，记述多种文士雅玩，其中就有香与琴密不可分的描写。焚香弹琴，赵希鹄指出不该用浓烈的香，以及不该用龙涎香之类有小儿女态的甜香："惟取香清而烟少者。若浓烟扑鼻，大败佳兴，当用水沈、蓬莱。忌用龙涎、笃耨凡儿女态者。"这样才能获得香德与琴德完美的结合。宋徽宗赵佶绘《听琴图》，画松树下赵佶自己在奏琴，旁边有两大臣在聆听。面前设一古香炉，正在焚香，一枝花插在铜器中，是对琴、香、花三种艺术结合在一起的如实记录。

《听琴图》局部

棋，一般指围棋，古人在下棋的时候，也要焚香。北宋文士徐铉制作有赏月时用的伴月香，下棋时也在用香。《晚憩白鹤庙寄句容张少府》一诗中写道："日入林初静，山空暑更寒。泉鸣细巌窦，鹤唳眇云端。拂榻安棋局，焚香戴道冠。望君殊不见，终夕凭栏干。"在山中，有树林、有寒气、鸣泉、唳鹤。诗人安排一局棋，焚香，戴道人冠来下棋，甚是清静。

书法，指用毛笔写汉字的艺术。国画，是以毛笔作绘画。都离不开书斋里的笔墨纸砚，讲究笔墨情趣，是中华艺术精华。写字，作画，也少不了焚香，以助清兴。在明代文震亨《长物志》等记载文人书斋家居陈设的书里，焚香炉是不可缺少的。古代绘画里也常可见到书斋焚香。如清代雍正年间的《深柳读书堂十二仕女图》中"观

书沉吟"一幅，绘书斋里女郎在持书阅读，书桌上放着花，旁边有一个树根香几，古色古香，使用苍老的多孔窍的树根雕琢、打磨光滑，上半部锯平，下半部做了几架，也就成了一个香几，上摆着香炉、香盒，虽然没进一步画出香烟等，其焚香雅趣自在其间了。

正如近代文人郑逸梅先生说的："不读书，不看云，不焚香，不写字，则雅趣自消，俗尘自长。"

茶，即茶艺。从古至今的品茶的茶席上，也常布置香炉焚香，不求浓烟散发，而是追求轻淡，与茶的滋味、清香相应和。

插花，也是重要的艺术。在赏花时，各种花常配以不同的香料，使得花与香的芬

| 观书沉吟 |

66

芳更迷人。南唐丞相韩熙载就提出了《五宜说》："对花焚香，有风味相和、其妙不可言者。木犀宜龙脑，酴醿宜沉水，兰宜四绝，含笑宜麝，蒼卜宜檀。"古画里也常见奏琴、插花、香炉共设，皆为雅道。

琴、棋、书、画、茶、花之艺，可以行道，包含品德之修养，皆与香相通。对香情有独钟的黄庭坚作《香之十德》云："感格鬼神，清净身心。能拂污秽，能觉睡眠。静中成友。尘里偷闲，多而不厌，寡而为足，久藏不朽，常用无碍。"短短四十个字，不仅赞美香之功用，并且从哲学的角度对香的品性进行了概括。用拟人化的描绘将香闲而不俗、藏而不朽、淡而不寡的特点彰显出来。

中国人崇尚自然，朴实谦和，不重形式。香事活动中融入哲理、伦理、道德，通过品香来修身养性、陶冶情操、思考人生、参禅悟道，达到精神上的享受和人格上的升华，这就是中国品香的最高境界。同样这是香所赋予自古以来文人雅士对精神世界的另一种精神追求的价值体现。

一缕沉香，虽仅仅以物质的形态存在于此刻，却引领了过去和未来的思想的联动。爱香的人们，对于香味的追寻，从古至今，从未曾改变过。也从未放弃过对香德的讨论。

香这个字的起源，跟作物的芳香的联系更紧密，从字形来看它上头顶着一把禾苗。而"香"下边是隶变后已经放弃掉一部分原本模样的"甘"。《尚书·君陈》里有"至治馨香，感于神明。黍稷非馨，明德惟馨。"的句子（这句话在很多其他典籍中也经常能见到，只不过表述有细微的不同），这里的"馨"和"香"应该是一个意思。《诗经》里涉及"香"的地方如："卬盛于豆，于豆于登。其香始升，上帝居歆"，以及"有飶其香，邦家之光"等等。

前者出于《诗经·大雅·生民》，后者则是《诗经·周颂·载芟》中的诗句，但我们不难发现这两个"香"总归都说的是食物、谷物的馨香丰美的样子。可见"香"那时候还多是指供奉神明供神明歆享的食物之

香气。在远古时代，我们祖先的生存能力远不如当下，有熟食，有禾黍就意味着能活下去，而禾黍的气味，久之就被赋予了积极的含义，也就是"香"，这就是千年前激发人们不断发展和演变的馨香。

当然，发展到西周时期的"香"被崇尚德、探寻天命的周人赋予了更多的精神内涵。例如《尚书·君陈》里说到的那句话的意思却要从另外的角度去看了，它旨在言明人，确切来说是贵族阶层应该有更高层次的精神追求，而不是一顿饱饭就能达成宇宙和生命的大和谐、大一统的。既然指谷物，那么当然，后来也自然可以引申到谷物长成之前的花朵，甚至谷物发酵后的酒上面

去。这些花香、酒香和基本的果腹之感的满足没有关系，更多要强调的是人们在满足了物质的丰盛后对审美对原始宗教信仰的崇拜。

香不仅仅居于庙堂之高，还富有浓厚的生活气息。人们天生对大自然的香味情有独钟，"稻花香里说丰年""酒香不怕巷子深"。其实到这里，香还只是香，是一种富有生活气息的味道，而不是我们现在所说的那个香。

让那些高雅的气味归并到"香"的范畴并逐渐被认可，那就是属于士大夫精神的缘起和士大夫气质的形成了。不是随一时一代，也并非随着一朝一人而转移改变，而是有着深刻的文化积淀的传承。

图书在版编目（CIP）数据

香之道 / 孙亮编著；李春园本辑主编. -- 哈尔滨：黑龙江少年儿童出版社，2020.2（2021.8 重印）

（记住乡愁：留给孩子们的中国民俗文化 / 刘魁立主编. 第九辑，传统雅集辑）

ISBN 978-7-5319-6484-1

Ⅰ. ①香… Ⅱ. ①孙… ②李… Ⅲ. ①香料－文化－中国－青少年读物 Ⅳ. ①TQ65-49

中国版本图书馆CIP数据核字(2020)第005592号

记住乡愁——留给孩子们的中国民俗文化　　　刘魁立◎主编

第九辑 传统雅集辑　　　李春园◎本辑主编

❀ 香之道 XIANG ZHI DAO　　　孙　亮◎编著

出 版 人：商 亮

项目策划：张立新 刘伟波

项目统筹：华 汉

责任编辑：郜 琦

整体设计：文思天纵

责任印制：李 妍 王 刚

出版发行：黑龙江少年儿童出版社

　　　　　（黑龙江省哈尔滨市南岗区宣庆小区8号楼 150090）

网	址：www.lsbook.com.cn
经	销：全国新华书店
印	装：北京一鑫印务有限责任公司
开	本：787 mm×1092 mm 1/16
印	张：5
字	数：50千
书	号：ISBN 978-7-5319-6484-1
版	次：2020年2月第1版
印	次：2021年8月第2次印刷
定	价：35.00元